1697.
з.с.а.

V

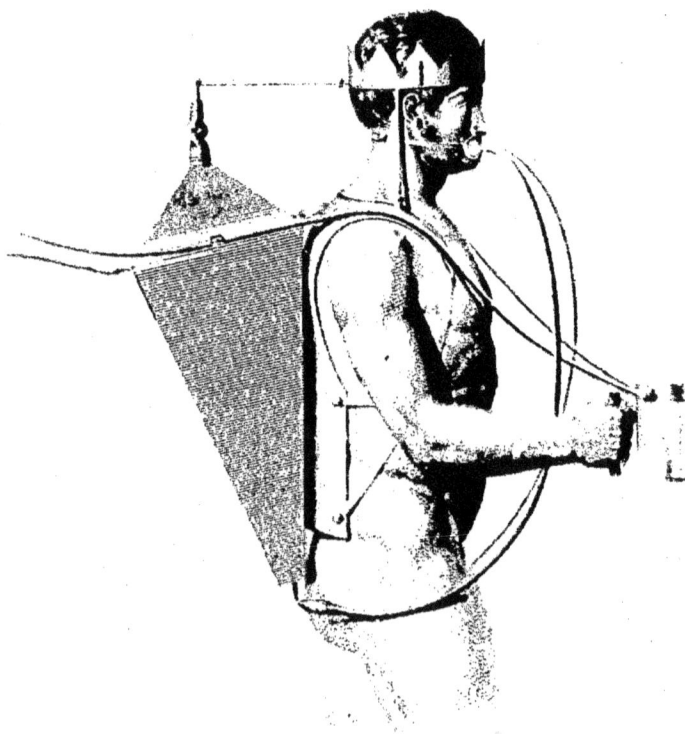

LE TRITON

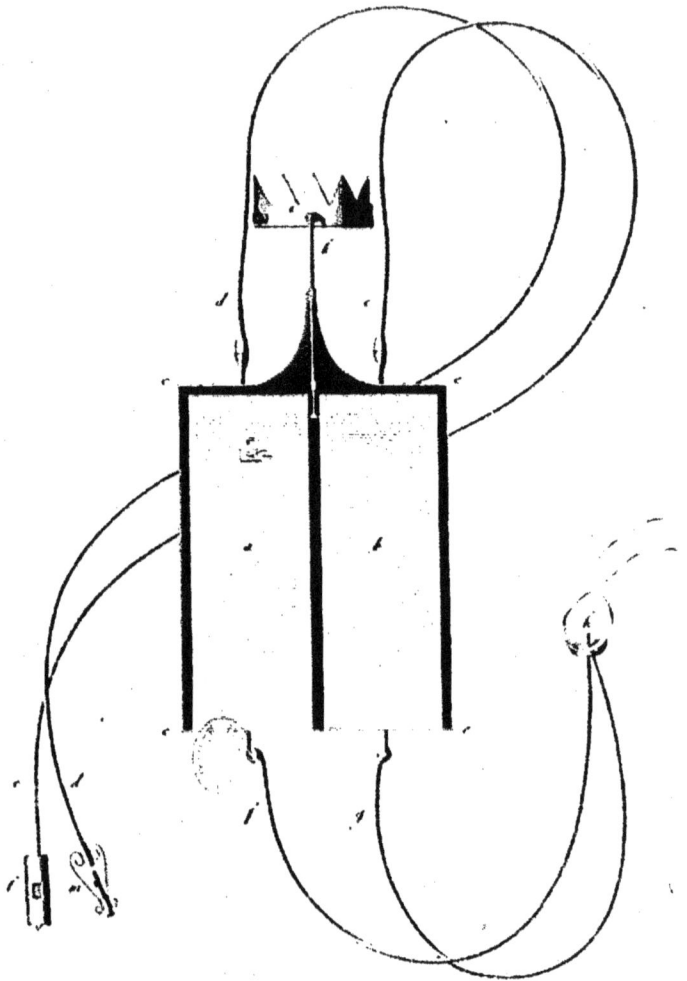

MEMOIRE

SUR

UNE NOUVELLE MACHINE A PLONGER,

APPELÉE *TRITON.*

PRÉCÉDÉ DE QUELQUES NOTIONS HISTORIQUES

SUR CE SUJET,

Par Frédéric DE DRIEBERG.

....

A PARIS,

DE L'IMPRIMERIE DE P. DIDOT L'AÎNÉ,

RUE DU PONT DE LODI.

M. DCCC. XI.

MÉMOIRE

SUR

UNE NOUVELLE MACHINE A PLONGER,

APPELÉE *TRITON*.

———

On s'est occupé, depuis la plus haute antiquité, des moyens de mettre l'homme en état de prolonger son séjour sous l'eau, d'y exécuter des travaux, ou d'y faire des recherches. Les essais des différents siecles portent le caractere de leur physique. On ne réussit d'abord que très incomplètement, puis on abandonna cette idée; mais la curiosité et le besoin ramenerent toujours les hommes vers elle. On a souvent approché de la solution du problême, plus souvent encore on s'en est éloigné, et tous ces efforts n'ont eu d'autre intérêt que celui d'une nouveauté momentanée.

Les anciens exerçoient des plongeurs, et bâtissoient des machines. Les historiens parlent d'un *bateau sous-*

marin, mais ils ne nous ont rien laissé de positif in
sur la forme, ni sur la construction.

Les nations modernes sentirent encore mieux la
nécessité d'une pareille machine; et à mesure que les
rapports de l'homme avec l'élément de l'eau deve-
noient plus étendus, par-tout on dressa des plongeurs,
par-tout on proposa des prix énormes pour l'exécution
d'une machine à plonger.

Cependant on revint toujours aux plongeurs, quoiqu'ils ne fussent que d'un bien médiocre secours, les
plus forts d'entre eux ne pouvant rester sous l'eau que
tout au plus sept minutes (1).

Le père Mersenne proposa un vaisseau flottant sous
les eaux, dont l'exécution fut bientôt démontrée im-
possible par le père Scholt.

La plus ancienne mention de l'usage de la cloche
du plongeur en Europe, est de l'année 1538. On la
trouve citée par le père Scholt (2), qui l'avoit lui-
même prise dans Taisnier (3).

(1) Voyez Gmelin, Voyage en Russie, t. II, p. 199.
V. Acta Philosoph. Societa in Anglia, Lips. 1657, 4. p. 724.
(2) *Magia universalis*, tom. 3, p. 392.
(3) Teetrina curiosa, l. 6, c. 9, p. 393.
(4) Opuscul. de motu celerrim.

Bacon nous a conservé la description d'un appareil consistant principalement dans un chaudron retourné, dont deux Grecs se sont servis à Tolede en présence de l'Empereur Charles Quint, et à l'aide duquel ils ont plongé sous l'eau avec une lumiere sans que celle-ci s'éteignit, et sans qu'ils se mouillassent eux-mêmes (1).

A différentes époques on modifia la cloche du plongeur de plusieurs manieres; mais on ne parvint jamais à en faire une machine commode. (V. la description de la cloche dont on se servoit dans le dix-septieme siecle, pour chercher les trésors submergés avec la flotte invincible, en 1588, près de l'isle Mull, à la côte d'ouest d'Ecosse (2).

Cependant, par le moyen de cette machine imparfaite, on parvint, en 1665, à retirer de l'eau des canons qui y étoient tombés depuis 27 ans; et en 1668, on en

(1) (V. Novum organum, l. 2, §. 50, in opp. lat. translat. Lips. 1694, fol. p. 408.) V de même, Phœnomena univers. (ibidem) p. 702.

(2) V. G. Sinclari ars nova et magna gravitatis et levitatis Rotterod, 1669, 4. p. 220, qui l'a décrite sans s'en attribuer l'invention, comme Paschius la lui attribua faussement. (V. inventa nova antiqua, Lips., 1700, 4. p. 650); et Lempold, theat: ital. univers., p. 3, Lips., 1726, fol. s. 242.)

retira des choses très précieuses. Ceci prouve, en pas-
sant, que ce qui est submergé peut encore rester
long-temps sous l'eau sans être couvert par le sable,
comme le confirme aussi l'essai que fit, en 1687, le
duc d'Albermale, avec le secours de Williams Phips,
pour chercher les trésors d'un vaisseau espagnol qui
avoit fait naufrage à la côte de l'isle *Hispaniola*, et
d'où l'on retira des sommes dont le total s'éleva à plus
de six millions de francs.

On peut consulter aussi ce que Borelli dit des machines à plonger, dans son livre *de Motu animalium*,
quoiqu'à la vérité ces machines soient inexécutables,
parceque Borelli, ne connoissant pas la composition
chimique de l'air, les avoit inventées d'après la fausse
persuasion où il étoit que l'air devient respirable s'il
perd la chaleur qu'il a acquise dans les poumons.

On revint bientôt à la cloche ; c'étoit encore l'instrument qui présentoit le plus d'avantages ; les prix énormes que la société de Londres proposa pour l'invention d'une meilleure machine, et pour le perfectionnement de l'appareil avec la cloche du plongeur, encou-
ragerent les savants à recommencer leurs expériences ;
et c'est à cette époque qu'on doit rapporter les améliorations dont la cloche jouit à présent.

Halley, Spalding et d'autres savants s'en occuperent sérieusement.

Spalding mourut victime d'une expérience qu'il fit en 1783 (1).

Halley fit aussi des expériences très ingénieuses, mais il enrichit la physique plutôt qu'il ne perfectionna cet instrument (2).

Le Suédois Martin Triewald proposa aussi quelques changements (3).

Mais quelque ingénieuses que soient toutes ces modifications, elles font bien plus d'honneur à l'esprit de leurs auteurs, qu'elles n'ont avancé le perfectionnement de la machine. La difficulté de faciliter la respiration, et de laisser au plongeur les moyens de pouvoir

---

(1) V. le Journal de M. de la Blancherie, 1783, p. 126.

(2) V. la description de ses améliorations dans l'Encyclopédie Méthodique, sous l'article *plonger,* de même que celles de M. de Villeneuve.

(3) V. Konst at Lefwa under Wattnet, Stockholm, 1741. 4. Philos. Transact. 1736, et Martin, Philos. Britannica.

V. le Journal des Savants, 1778, p. 37, première édition, et p. 25, de la seconde; 1678, p. 32 et 139; 1685, p. 283 et 501.

Coll. Acad. part. t. 6, p. 466.

Le Journal des Savants, 1739, p. 464.

travailler librement, et de se déplacer à volonté, n'avoit point été vaincue, et c'étoit pourtant là les inconvéniens principaux auxquels il falloit obvier pour rendre la machine à plonger d'un secours facile.

Le journal de la Blancherie, p. 303, fait mention d'un appareil de plongeur d'un anglais nommé Wright. Celui-ci, plus près que ses prédécesseurs de la solution du problème, n'a cependant pas réussi, faute d'avoir connu la force d'aspiration des poumons, et leur susceptibilité à s'affoiblir par un travail un peu forcé.

On lit, dans la Philosophie Britannique, qu'un Anglais, qui est mort sans laisser son secret à personne, faisoit le *sauvetage* sur les côtes d'Angleterre, en s'enfermant dans un vêtement de peau très forte, et qui contenoit beaucoup d'air, à ce que l'on suppose ; l'auteur de l'article ajoute qu'à l'aide de ce vêtement l'inventeur entroit dans les chambres des vaisseaux pour en retirer les choses précieuses, ce qui lui a valu beaucoup d'argent pendant quarante ans qu'il a fait ce métier (1).

Enfin, Pilatre De Rosier a inventé un appareil par

_____

(1) V. Martin, Philosoph. Britannica, traduit en allemand, par Wilke Leipz. 1722, t. 3, p. 8, th. 2, p. 224.

le moyen duquel il s'est plongé dans du gaz délétere sans courir le moindre danger; mais cet appareil n'est nullement convenable pour aller sous l'eau. Il y a encore un nombre immense de machines inventées pour ce but, mais toutes plus ou moins imparfaites n'ont jamais été d'aucun usage; et même il n'y a guere que leurs auteurs qui les aient connues.

Je pense avoir été plus heureux que ceux qui m'ont précédé dans la carriere : j'ai profité de leurs découvertes, et même de leurs erreurs; l'expérience prouvera si j'ai atteint le but.

Voici quels sont à-peu-près les avantages de la machine dont je suis l'inventeur, et à laquelle j'ai donné le nom de *Triton*.

1° Le plongeur peut rester dans l'eau tant qu'il le veut.

2° Il peut descendre dans la mer, autant que la pésanteur de la colonne d'eau le permet.

3° La machine ne gênant en aucune maniere le mouvement des bras et de la partie moyenne et inférieure du corps du plongeur, il peut marcher et travailler avec aisance à la profondeur où il peut descendre.

4° Le plongeur ne court aucun danger, les signaux étant disposés de telle sorte que les personnes qui

a

surveillent en haut connoissent, à chaque instant, s'il a besoin de secours, et s'il respire facilement.

5° Le plongeur n'est point enfermé dans la machine; et comme elle est d'un petit volume, il peut pénétrer même dans les endroits qui ont une ouverture fort étroite.

6° La mer étant souvent obscure, comme nous l'apprend Halley, dans la relation de ses expériences, le plongeur peut porter avec lui une lanterne pour s'éclairer dans les grottes ou dans les chambres des vaisseaux où il pénétreroit.

7° La machine coûte peu: elle est d'une construction facile: ce qui contribuera, je l'espere, à en répandre l'usage par-tout.

L'extrème délicatesse des poumons et leur foiblesse sont les causes principales, qui ont empêché de réussir jusqu'à présent dans la construction d'une machine parfaite pour descendre sous l'eau, et y séjourner; car la moindre résistance que trouve la respiration est suffisante pour qu'on soit suffoqué en peu de minutes. Quoiqu'il paroisse d'abord assez facile de remédier à ce grave inconvénient, il s'est écoulé plusieurs siecles depuis qu'on en cherche les moyens, sans que cependant on soit encore parvenu à les trouver.

C'est donc à vaincre cette difficulté que je me suis attaché plus particulièrement; et les expériences réitérées que j'ai faites de ma machine ne me permettent plus de douter que je n'y sois parvenu (au moins d'une maniere beaucoup plus heureuse que tous mes prédécesseurs) en établissant des poumons artificiels, qui ôtent aux poumons du plongeur tout le travail qu'ils auroient besoin de faire pour obtenir de l'air en abondance.

C'est aussi dans ces poumons artificiels que consiste le principe de l'invention; les autres parties n'en sont que les accessoires, elles peuvent varier quant à la forme et quant à la maniere de les employer.

Avant de passer à la description de cette machine, je crois devoir déclarer ici que mon invention m'a été surprise par M. Coëssin, employé à l'administration de la guerre, qui l'a fait servir dans un bateau sous-marin, exécuté au Havre par les ordres de S. Ex. le Ministre de la Marine.

J'ignore si M. Coëssin s'est présenté au Ministre de la Marine pour être l'inventeur de cet appareil, et je n'ai fait aucune recherche pour m'en assurer; seulement j'ai appris, d'une maniere certaine, que, lors des premieres démarches qu'il fit auprès de S. M., il annonça, dans deux de ses lettres, que son bateau sous-marin (qu'il appeloit le crocodile) étoit tout entier de son invention.

Un de mes amis, qui eut avant moi connoissance de ces démarches, écrivit, à cet égard, à M. Coëssin, pour lui rappeler la parole d'honneur qu'il m'avoit donnée de me garder le secret sur mon invention, dont je lui avois confié tous les détails vers le milieu de l'année 1808; et cette lettre fut l'occasion de la réponse dont je vais transcrire ici un passage qui prouve assez clairement que, si M. Coëssin, comme j'en ai la certitude, s'est présenté à l'Empereur comme l'inventeur de l'appareil de respiration qui fait la partie principale de son bateau sous-marin, il l'a fait *sciemment*, bien persuadé que cette invention m'appartenoit, et qu'il commettoit un plagiat et un abus de confiance en se l'appropriant, puisque tous les détails ne lui en avoient été confiés que sous la garantie de sa promesse formelle qu'il en garderoit le secret, jusqu'à ce que j'eusse fait agréer à S. M. l'Empereur et Roi l'hommage que je me proposois de lui faire de ma machine.

Voici ce passage copié littéralement sur la lettre de M. Coëssin.

« Nous avons en effet imaginé, mon frere et moi,
« une fort jolie machine, dans laquelle entre l'idée de

« Drieberg ; mais dans l'hommage que nous en avons
« fait à l'Empereur, nous avons eu grand soin de
« parler de l'hommage fait par Drieberg, dans le cou-
« rant de l'été dernier, et de la maniere dont sa pro-
« position a été reçue par M. Monge, et tout cela en
« termes si respectueux pour M. Monge, et si hono-
« rables pour M. Drieberg, que notre machine de-
« viendra bien plutôt un moyen de faire valoir celle
« de Drieberg, que tous les autres moyens qu'il au-
« roit pu employer, d'autant que nous n'avons nulle-
« ment le même objet en vue, et que d'ailleurs il y
« a assez de choses nouvelles dans notre affaire pour
« que nous puissions marcher sans nous nuire. En
« cela vous pouvez compter sur ma bonne foi et celle
« de mon frere. »

Je voudrois pouvoir borner là tout ce que j'ai à
dire sur ce défaut de délicatesse que je devrois nom-
mer tout autrement ; mais je dois encore ajouter que
j'ai acquis la preuve que M. Coëssin a avancé dans
son mémoire que sa machine étoit tout entiere de
son invention ; que les combinaisons de ce genre lui
étoient très familieres ; qu'il demandoit, comme une
grace spéciale, que Sa Majesté examinât elle-même la
machine qu'il lui offroit, et qu'il regardoit comme

une pensée hardie dont Sa Majesté pouvoit seule
apprécier le mérite; et qu'au surplus il deshoit que
l'Institut ne fût pas consulté, et particulièrement
M. Monge.

Ce dernier fait, qui m'est attesté par la personne
même qui a copié cette lettre pour M. Coëssin, s'ac-
corde avec un autre passage que voici, de la même
lettre dont j'ai déja cité ici un fragment.

« Personne n'avoit entendu parler de notre ma-
« chine avant que l'Empereur eût ordonné à des su-
« balternes d'en prendre connoissance; c'est à quoi
« nous n'avons pas voulu consentir. »

Il suffira, pour dernière preuve de la justice de ma
réclamation, de placer ici copie authentique de la
lettre de M. Coëssin, adressée à mon ami M. Koreff,
par laquelle il l'informe de sa démarche pour obtenir
une entrevue avec M. le comte de Peluze, afin de
recueillir l'opinion de cet illustre savant sur le succès
de ma machine :

« M. Monge, mon très cher ami, nous recevra di-
« manche à trois heures en revenant de S.-Cloud; je
« ne saurois m'imaginer qu'il soit insensible à ce
« moyen si simple de donner à l'homme l'empire des
« ondes; cependant je ne puis rien vous assurer, car,

« lorsque je suis passé ce matin chez lui, il étoit encore
« couché, et c'est en réponse à un billet que je lui ai
« écrit qu'il m'a indiqué l'heure où nous pourrions
« le voir. »

Enfin, ayant eu l'honneur de soumettre mon mémoire à M. Monge avant de l'adresser à S. M. l'Empereur, il a daigné me favoriser de la déclaration
suivante, qui est pour moi le titre le plus incontes-
table de la propriété que je revendique.

« Je soussigné certifie, que dans les commencements
« du mois d'octobre dernier, M. de Drieberg, accom-
« pagné de M. Koreff, m'a fait voir la machine à plon-
« ger de son invention, et qu'il appeloit *Triton;* et
« qu'ensuite de la conférence que j'ai eue à cet égard
« avec eux, M. Koreff m'a remis *le présent mémoire,*
« que j'ai gardé entre mes mains, depuis le 23 octobre
« jusqu'à ce jour, 9 mars 1809. »

Monge, comte de Peluze, Sénateur.

Il me reste à ajouter un fait, et c'est là la consé-
quence la plus désagréable des procédés peu délicats
de M. Coëssin à mon égard. Retenu en Allemagne
par mes affaires particulieres, et n'ayant pu m'occuper
jusqu'à ce jour de l'impression du présent mémoire,

il s'est trouvé des personnes qui, encouragées par mon silence, ont cru devoir saisir le moment de profiter de mon invention, devenue en quelque sorte publique par l'infidélité de M. Coëssin.

Sans entrer ici dans aucuns détails, je déclare que je revendiquerai, comme ma propriété, le moyen doit se sont servis récemment plusieurs mécaniciens pour procurer de l'air à leur plongeur.

Description du Triton.

Les parties principales qui composent le Triton, sont les *soufflets* pour procurer de l'air au plongeur; *la boëte* dans laquelle ils sont enfermés; *les tuyaux* pour le passage de l'air; *l'appareil du mouvement* pour mettre en jeu les soufflets; *les soupapes* pour diriger le courant d'air; *le masque* qui s'applique sur la bouche pour empêcher l'eau d'y pénétrer; *les sifflets* pour les signaux, et enfin *la lanterne*. Le jeu des soufflets étant peu de chose, la tête du plongeur est chargée de l'exécuter, de manière qu'il a toujours les mains et toute la partie moyenne et inférieure du corps parfaitement libres.

A B. Les deux soufflets placés verticalement, l'un

à côté de l'autre, liés ensemble, dans le haut, par le moyen d'une barre de fer.

Les feuilles adossées à la paroi de la boëte, opposée au dos du plongeur, sont attachées à cette paroi.

C. La boëte qui renferme les soufflets. La partie supérieure de cette boëte est surmontée d'une espèce de chapiteau, à l'extrémité duquel est établi le point d'appui pour le petit levier qui sert au mouvement des soufflets.

DEFG. Quatre tuyaux pour apporter l'air respirable au plongeur, et emporter l'air vicié. Les deux premiers sont, hors de l'eau, en communication avec l'air ; les deux autres communiquent avec la bouche du plongeur.

Ces tuyaux sont vissés sur des tubes qui en font la continuation ; les tubes des trois derniers tuyaux sont en communication avec les soufflets, et renferment chacun une soupape. Le tube du tuyau D n'en a point ; il est en communication directe avec l'air de la boëte ; et la quatrième soupape est placée sur le soufflet A.

H. Petit masque ovale et concave pour être placé autour de la bouche du plongeur, et intercepter le passage de l'eau ou du gaz dans lequel le plongeur

3

seroit placé. Au milieu de ce masque est placé un petit tube en forme de bec, dans lequel viennent se réunir les tuyaux F et G.

J. Couronne à laquelle est attaché l'appareil du mouvement des soufflets; elle enferme la tête du plongeur, mais de manière que celle-ci puisse y être à l'aise et tourner librement. Elle est soutenue par deux barres fixées sur la partie de la cuirasse qui recouvre les épaules.

K. Le levier; il a son point d'appui sortant du chapiteau de la boëte. Il est brisé deux fois pour se conformer aux mouvements de la tête et des soufflets, et il est attaché en haut par des charnières à la couronne, et en bas à la barre de fer qui lie ensemble les deux soufflets.

LM. Deux sifflets placés à l'extrémité supérieure des tuyaux DE. Ils servent à marquer l'aspiration et l'expiration du plongeur, et pour les signaux qu'il veut donner au-dehors.

N. Espece de cuirasse qui doit être appliquée sur le dos et les épaules du plongeur; elle fait partie de la boëte qui renferme les soufflets.

A cette machine, dont toutes les parties viennent d'être indiquées, on peut ajouter une lanterne que l'on fera traverser par le tuyau D, qui est aspirant et expirant.

Le plongeur déterminera lui-même l'accélération ou le ralentissement de ses mouvements d'aspiration ou d'expiration, selon le besoin de ses poumons naturels.

Voici de quelle manière l'air respirable et celui qui est vicié circulent dans l'intérieur de la machine et de ses tuyaux. Je suppose qu'on commence avec les poumons pleins, et par conséquent les soufflets fermés. Quand on ouvre les soufflets, l'air qui est dans la boëte en sort par le tuyau D, le soufflet B aspire l'air du dehors, et le fait passer par le tuyau E, dont la soupape s'ouvre vers la boëte : dans le même moment le soufflet A s'emplit de l'air qui sort des poumons du plongeur ; cet air lui est apporté par le tuyau F, dont la soupape s'ouvre de même vers la boëte.

Quand on referme les deux soufflets, la soupape du tuyau E se ferme, et le soufflet B fait passer l'air aux poumons du plongeur, par le tuyau G, dont la soupape s'ouvre vers le tuyau. Dans le même instant la soupape du tuyau F se ferme, tandis que la soupape O s'ouvre pour laisser passer, dans la boëte, l'air vicié. Si l'on ouvre de nouveau les soufflets, la soupape O se ferme ; celles du tuyau E et du tuyau F s'ouvrent, et l'action du premier mouvement se répete.

Construction des parties dont le Triton est composé.

La boëte est de fer battu, recouvert d'un vernis pour la défendre contre la rouille ; de fortes barres de fer sont placées en-dedans, afin d'en maintenir toutes les parties, et d'assurer leur solidité.

Comme il est nécessaire de se ménager une ouverture à la boëte pour y pouvoir raccommoder les pieces qu'elle renferme, la place où cette ouverture est pratiquée se trouve masquée par une plaque de fer préparé de la même maniere que celui de la boëte ; cette plaque est doublée d'un cuir huilé, et fixée à la boëte par des vis placées très près les unes des autres.

Pour que la boëte puisse s'enfoncer dans l'eau, sans effort de la part du plongeur, il faut en augmenter le poids s'il est inférieur au poids du liquide où le plongeur est placé ; c'est ce qu'on fait avec des feuilles de plomb qu'on applique à la boëte en-dedans ou en-dehors.

La cuirasse faisant partie de la boëte est aussi de fer battu et vernissé comme elle, exterieurement. La partie de la cuirasse qui touche le plongeur est suffisamment garnie pour qu'il n'en éprouve pas d'incommodité dans les mouvements qu'exigent ses travaux, et elle est attachée au plongeur par des courroies.

Le petit masque ovale et concave est en bois et garni de cuir en-dedans. Les courroies qui servent à le fixer devant la bouche du plongeur sont en cuir très souple ; et le bec dans lequel aboutissent les tuyaux F et G, est fait en ivoire. Ce bec, qui est placé au centre du masque, doit être tenu entre les dents et dirigé vers le palais pour éviter d'avancer la mâchoire inférieure, position qu'on ne pourroit pas supporter long-temps. Le plongeur doit réunir ses levres autour du bec pour empêcher le peu d'eau qui passeroit sous le masque, d'entrer dans sa bouche.

Les deux soufflets doivent toujours être de même capacité, car, s'il y avoit une différence sensible entre eux, leur jeu en souffriroit beaucoup dès le premier moment, et bientôt il seroit suspendu tout-à-fait. C'est ce qui est bien facile à concevoir si l'on veut faire attention que l'un de ces soufflets est destiné à vuider l'autre.

La capacité de chaque soufflet est divisée par plusieurs feuillets, et la peau qui les recouvre est bien

tendue dans les angles que forment les plis. Cette dis-
position est plus facile pour mesurer la quantité d'air
que chaque soufflet peut contenir.

L'homme, il est vrai, expire un peu moins d'air
qu'il n'en aspire; mais cette différence légère ne peut
pas apporter le moindre désordre dans l'action des
soufflets; car l'air expiré gagne presque en volume,
à cause du calorique qu'il emporte, ce que les poumons ont absorbé de l'air aspiré.

Les soufflets doivent contenir au moins quarante
pouces cubiques d'air, ce qui est à-peu-près la quantité dont l'homme a besoin pour chaque aspiration.

Les tuyaux sont formés intérieurement par un fil
d'archal, tourné en spirale. Ils sont recouverts d'un
cuir huilé, cousu à points très proches les uns des
autres. Pour prévenir l'oxidation du fil d'archal, on a
soin de le préparer dans l'huile de lin, de la même
maniere que les serruriers préparent les serrures pour
les garantir de l'action de l'air.

Le diamètre des tuyaux doit être proportionné à
leur longueur: un demi-pouce est suffisant pour une
longueur de quarante à cinquante pieds; si elle excé-
doit cette mesure, il faudroit augmenter le diamètre,

mais il suffit qu'il ait un pouce pour les tuyaux de la plus grande longueur.

La nécessité d'augmenter le diamètre des tuyaux est fondée sur ce que l'air éprouve dans son passage un frottement qui en diminue la circulation, et oblige le plongeur à une plus grande dépense de force pour remplir les soufflets.

Les tubes sont en cuivre jaune. Les soupapes sont placées dans ces tubes tout près des vis où s'adaptent les tuyaux. Ceux-ci sont vissés par des écrous sur les tubes.

Les soupapes sont faites d'une peau très souple, sur laquelle est attachée une plaque mince de cuivre jaune : elles doivent avoir une position oblique pour s'ouvrir plus facilement; un ressort très foible les tient doucement fermées. Les soupapes des tuyaux E et F s'ouvrent du côté de la boëte; la soupape du tuyau G s'ouvre vers son tuyau, et la soupape O s'ouvre en-dedans de la boëte.

La couronne est en cuivre jaune, et garnie en-dedans d'une peau souple; elle a une charnière de côté, afin de pouvoir l'ajuster au volume de la tête du plongeur. Les deux barres qui la soutiennent sont

du même métal ; et afin qu'elles puissent suivre le
mouvement de la tête, elles ne sont fixées que par des
charnieres sur la partie de la cuirasse qui couvre les
épaules du plongeur. On peut les construire aussi
de maniere à pouvoir les alonger ou raccourcir suivant la taille du plongeur.

Le levier est composé de trois barres de cuivre
jaune, liées ensemble par quatre charnieres, pour
qu'elles obéissent au mouvement de la tête et des
soufflets, comme je l'ai dit plus haut. Ce levier est
arrêté à son point d'appui par une barre d'acier qui
le traverse. Au sortir de la boëte il est enveloppé dans
un fourreau de cuir gras et souple, pour que l'eau ne
puisse pas pénétrer dans la boëte. Le fourreau est lié
par son extrémité supérieure au levier, et il est fixé
sur la boëte par son extrémité inférieure.

Les sifflets, accordés en quarte, sont placés à l'extrémité des tuyaux D et E. Le bec du sifflet du tuyau D
est dirigé vers l'ouverture de ce tuyau sans approcher
tout-à-fait ; il est fixé dans cette position par deux
fils d'archal. Le sifflet M est dirigé dans le sens du
tuyau parcequ'il doit siffler en aspirant. Il faut l'en-
fermer dans un étui attaché au tuyau, et qu'il n'y ait
que l'extrémité de son bec qui sorte en haut. Sur le
côté de cet étui l'on place un clapet, très facile à

ouvrir intérieurement, pour que le tuyau puisse aspi-
rer sans difficulté ; et la foible résistance qu'il oppose
sert à faire entrer dans le bec du sifflet la quantité
d'air qui suffit pour le faire entendre.

Pour la lanterne, il faut prendre un verre de forme
cylindrique et assez épais. Ce verre doit être encadré
avec du cuivre jaune, et fermé en haut par un cou-
vercle vissé sur lui-même. La lampe est posée au fond
de la lanterne ; le tuyau D qui alimente la lumière
doit être coupé, et les deux bouts se visser au cou-
vercle de la même maniere que les tuyaux sur leurs
tubes. Pour que le courant d'air n'éteigne pas la lumiere, il doit se briser contre des plaques concaves.
Si l'on n'a pas besoin de la lanterne, on visse le bout
du tuyau sur son tube.

Pour descendre dans les rivieres ou dans les lacs,
on n'a pas besoin de grands préparatifs ; le plongeur
y peut entrer en suivant l'inclinaison du sol : un homme
qui restera sur le bord prendra les deux bouts des
tuyaux dans ses mains, à l'effet de surveiller si le plongeur donne des signaux, et si le jeu des sifflets n'est pas
suspendu ; et afin de rendre sa pesanteur supérieure à
celle de l'eau, le plongeur attachera à ses pieds des
anneaux de plomb ; et pour fermer ses narines il em-
ployera une petite pince dont la forme soit semblable

à celle d'un ressort de lunettes : pour ses oreilles, il les bouchera avec du coton.

Dans le cas où le plongeur a besoin de parcourir une certaine étendue et de se rendre d'un lieu dans un autre, comme lorsqu'il s'agit de sauver un homme en danger de se noyer, on pourra laisser flotter sur la surface de l'eau les deux bouts des tuyaux, en les soutenant au moyen d'un morceau de liége.

Si le plongeur descend dans la mer, il faut qu'il se serve de la grue dont l'usage est connu généralement. Les tuyaux D et E auront entre eux une forte corde pour assurer leur solidité ; elle sera fixée à une chaise sur laquelle le plongeur pourra s'asseoir. Cette chaise, environnée de tous côtés par des pointes aiguës, le défendra contre les animaux marins. Les deux tuyaux qui sont parallèles à la corde se détacheront de la chaise, et de là se prolongeront de 20 à 30 pieds ; et par ce moyen le plongeur, arrivé au fond de la mer, pourra quitter cette chaise, qui sera retenue par sa pesanteur, et il marchera librement où il voudra. Il rentrera dans cette espece de retraite s'il voit arriver des animaux dangereux.

Voilà ma machine telle que M. Mælzel l'a construite d'après mon modele, et j'espere que d'après la description que j'en ai donnée, on pourra facilement en construire de semblables, soit pour répéter mes expériences, soit pour s'en servir aux usages auxquels je crois qu'elle est convenable, et que j'ai indiqués en partie.

Le temps me.fera connoître, sans doute, ainsi qu'à ceux qui s'en serviront, le perfectionnement dont elle est encore susceptible; c'est le sort commun à toutes les inventions du même genre. Les ouvriers qui en font usage les améliorent tous les jours par une foule de petits détails qu'ils ajoutent ou suppriment, selon que l'expérience le leur indique, et dont l'auteur n'a pas pu bien prévoir ni l'importance ni l'utilité.

Dès à présent même on pourra peut-être critiquer plus d'une des parties qui composent cette machine, parcequ'il en est beaucoup qui, sans éprouver de changement dans leur destination, sont néanmoins susceptibles d'être variées de plusieurs manieres; mais, comme j'ai moi-même essayé d'éprouver les effets d'un très grand nombre de ces changements, j'attendrai le jugement que porteront les praticiens sur ce qu'elle est aujourd'hui avant de la modifier d'aucune façon, à moins toutefois que l'on ne me suggere quelques aperçus que je n'ai point saisis à l'époque où je l'ai fait construire.

4

Maintenant que l'on connoit mon Triton dans toutes ses parties, on doit être convaincu que, comme je l'ai avancé plus haut, les soufflets qui forment les poumons artificiels du plongeur en sont la base principale, et que les autres parties n'en sont que les accessoires. Je n'ignore pas qu'on peut me dire que ces soufflets ressemblent sous beaucoup de rapports aux ventilateurs de d'Alembert; mais, si quelqu'un me faisoit une pareille objection, je pourrois répondre, je crois, avec avantage, que d'Alembert a seulement avec moi le mérite d'avoir appliqué des soufflets à un nouvel usage, sans indiquer, d'aucune manière, que l'on pouvoit en obtenir le parti que j'en ai tiré; et que d'ailleurs, puisque les hommes qui ont imaginé, même de nos jours, différentes machines à plonger, n'ont employé, pour procurer de l'air à leur plongeur, que des moyens bien insuffisans, et très loin de réunir les avantages et la simplicité de ceux que je propose d'y substituer, il y a dans la différence de la perfection de ma machine, comparée aux leurs, de quoi constituer la part d'invention qui me semble m'appartenir.

FIN.

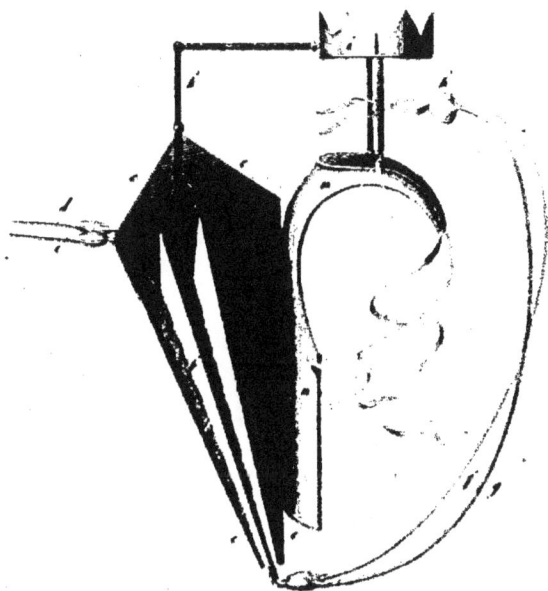